MINISTÈRE DE L'AGRICULTURE ET DU COMMERCE.

EXPOSITION UNIVERSELLE INTERNATIONALE DE 1878
A PARIS.

RAPPORTS DU JURY INTERNATIONAL.

GROUPE VIII. — CLASSE 84.

LES POISSONS, CRUSTACÉS
ET MOLLUSQUES,

PAR

M. LÉON VAILLANT,

PROFESSEUR D'ICHTHYOLOGIE AU MUSÉUM D'HISTOIRE NATURELLE.

PARIS.

IMPRIMERIE NATIONALE.

—

M DCCC LXXX.

RAPPORT

SUR

LES POISSONS, CRUSTACÉS

ET MOLLUSQUES.

2116

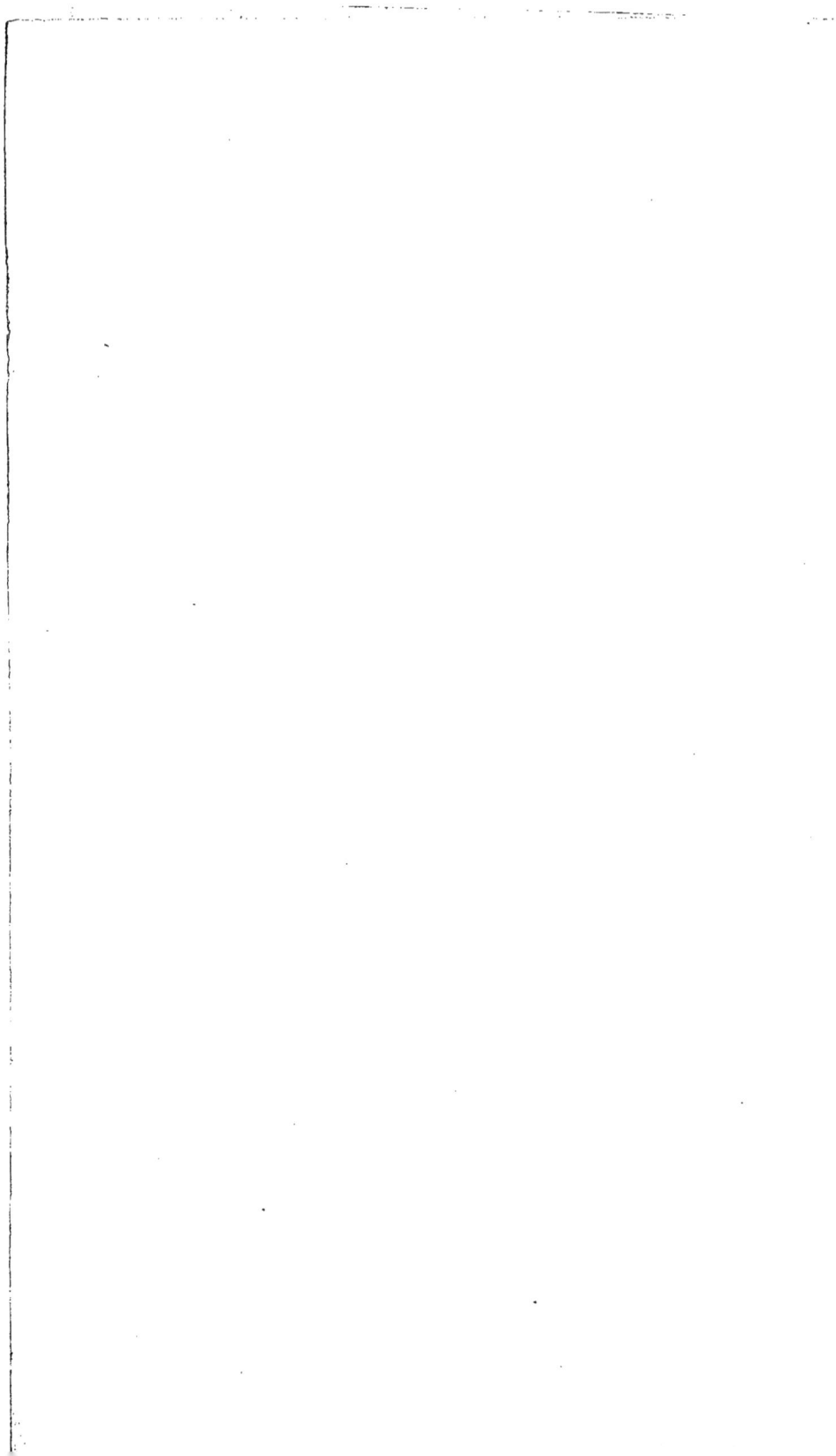

MINISTÈRE DE L'AGRICULTURE ET DU COMMERCE.

EXPOSITION UNIVERSELLE INTERNATIONALE DE 1878

A PARIS.

GROUPE VIII. — CLASSE 84.

RAPPORT

SUR

LES POISSONS, CRUSTACÉS

ET MOLLUSQUES,

PAR

M. LÉON VAILLANT,

PROFESSEUR D'ICHTHYOLOGIE AU MUSÉUM D'HISTOIRE NATURELLE.

PARIS.

IMPRIMERIE NATIONALE.

M DCCC LXXX.

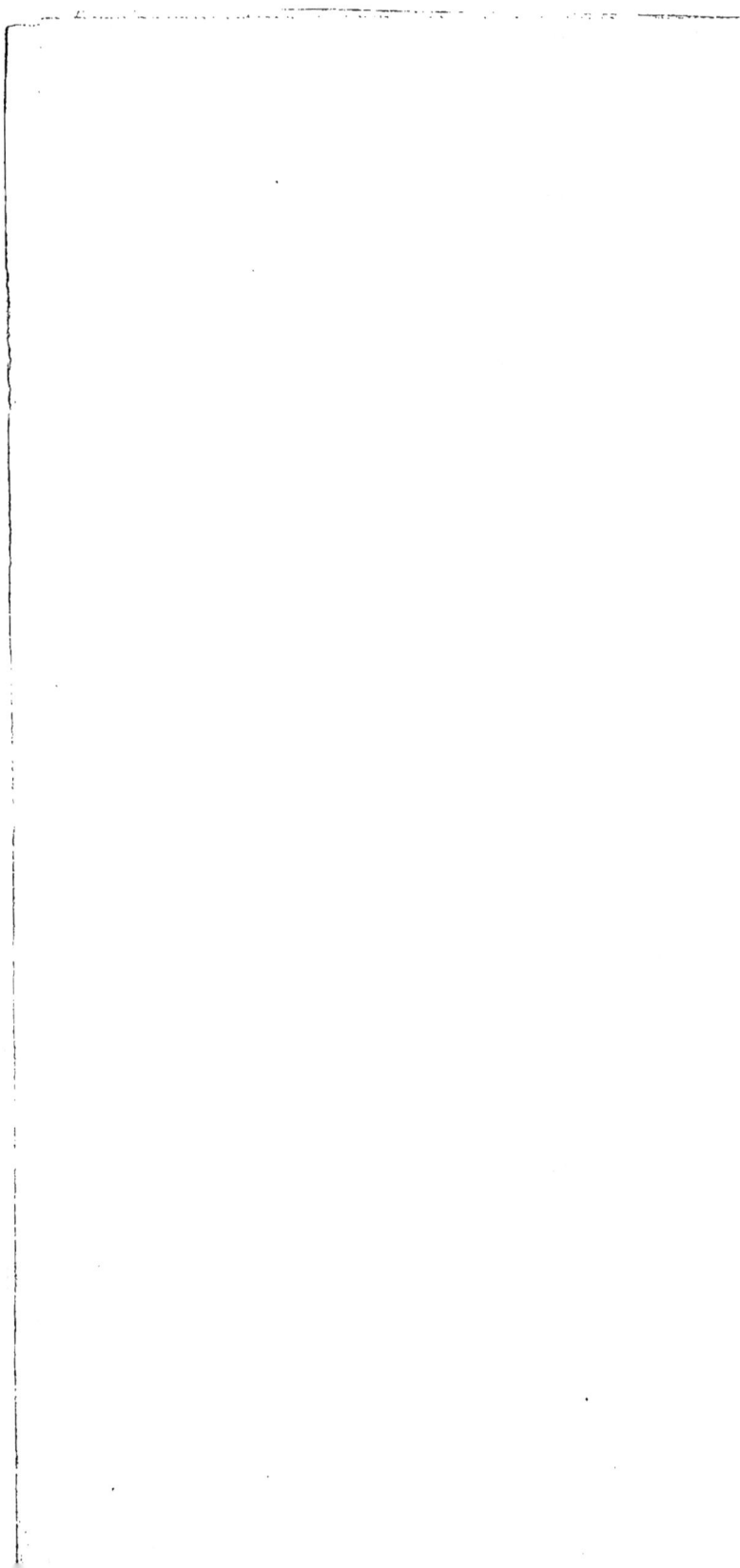

Groupe VIII. — Classe 84.

RAPPORT

SUR

LES POISSONS, CRUSTACÉS

ET MOLLUSQUES.

COMPOSITION DU JURY.

MM. de Bon, *président*, commissaire général de la marine, directeur au Ministère de la marine, membre du comité d'admission à l'Exposition universelle de 1878 . . . . } France.

Vaillant, *secrétaire-rapporteur*, professeur d'ichthyologie au muséum d'histoire naturelle, membre du comité d'admission à l'Exposition universelle de 1878 . . . . } France.

Caulet de Longchamps, *suppléant*, chef de la division des pêches au Ministère des travaux publics, membre du comité d'admission à l'Exposition universelle de 1878 . . . . } France.

De Courteville, *suppléant*, chef du bureau des pêches au Ministère de la marine, membre du comité d'admission à l'Exposition universelle de 1878 . . . . } France.

La classe 84, en s'occupant, comme son titre l'indique, des poissons, crustacés, mollusques et animaux qui s'en rapprochent, doit considérer ces êtres spécialement sous le rapport de leur élevage et de leur multiplication naturelle ou artificielle, soit qu'il s'agisse d'un emploi alimentaire, auquel cas cet art peut être rapproché de l'agriculture proprement dite, soit qu'on recherche l'élevage de certaines espèces d'ornement, ce qui pourrait être comparé à l'horticulture. Les moyens pour s'emparer de ces animaux arrivés à leur parfait développement rentrent dans les attributions de la classe 45 (Chasse et pêche), l'emploi pour l'alimentation dans celles de la classe 72.

Les poissons constituant le groupe de beaucoup le plus important dans l'exploitation des eaux, le terme de *pisciculture* a été pendant longtemps presque synonyme d'élevage des animaux aquatiques, aujourd'hui, on tend à y substituer le terme plus exact d'*aquiculture*. Ce détail montre que des idées plus justes se font jour, quant aux moyens à employer pour atteindre le but.

Les habitants des eaux, soumis à une éducation régulière, se sont de plus en plus multipliés; l'Exposition de 1878, comparée à celle de 1867, a pu en fournir la preuve. Le nombre des personnes qui se livrent à l'élevage est incomparablement plus considérable, les produits plus diversifiés. Pour les poissons et les crustacés, on ne peut guère citer d'acquisition nouvelle, au moins en ce qui concerne l'alimentation, à laquelle concourent presque tous les premiers, et une dizaine d'espèces marines plus une fluviatile, des seconds. Quant aux mollusques et rayonnés, on a pu constater que l'éducation porte sur des espèces plus variées, comme on le verra plus loin à propos de tentatives récemment entreprises dans la Méditerranée, aux environs de Toulon.

Pour se rendre compte de ce qui a été fait et de ce qui reste à faire, il est nécessaire de considérer de quelles différentes manières peut être dirigé l'élevage de ces animaux. Tantôt l'aquiculture se propose, une fois l'animal capturé, de lui donner, par une nourriture ou des soins spéciaux, des qualités particulièrement recherchées, et place pour cela ses élèves dans des espaces limités où la surveillance peut s'exercer en quelque sorte d'instant en instant: une nourriture qu'ils ne trouveraient pas dans le milieu où ils sont confinés leur est fournie : c'est ce que M. Vidal a nommé avec justesse l'*aquiculture domestique* au moyen d'une alimentation artificielle; on peut comparer cette méthode à l'engraissement des bestiaux en stabulation. D'autres fois, c'est l'*aquiculture naturelle* : les animaux, quoique maintenus en captivité, doivent rechercher leur nourriture activement, celle-ci, par suite de dispositions convenablement ménagées, se produisant dans le milieu même qu'ils habitent; l'élevage de nos animaux domestiques dans des espaces Gr. **VIII**. clos, tels que les prés, est quelque chose d'analogue. Enfin, on se Cl. **84**. propose parfois de favoriser simplement la multiplication des animaux à l'état de liberté, comme on a pu rechercher la multiplication du gibier pour les mammifères et les oiseaux; c'est ce qu'on pourrait désigner sous le nom d'*aquiculture sauvage*.

La pratique oblige encore de distinguer le cas où, ne se contentant pas de capturer l'animal déjà plus ou moins avancé en âge, on va le chercher plus haut et, par des procédés spéciaux, prenant l'être à son origine, dès l'œuf fécondé naturellement ou artificiellement, on tente de l'amener à l'état adulte et marchand; c'est à ce dernier moyen que s'appliquent plus ordinairement aujourd'hui les termes de *pisciculture*, d'*ostréiculture*, de *mytiliculture*, etc., suivant les êtres dont il s'agit.

Il est évident que ces différents modes se confondent sur bien des points et que de semblables divisions, commodes pour le classement des faits, n'ont rien d'absolu.

Le milieu ayant la plus grande part d'influence en ce qui concerne ces industries, il nous paraît préférable d'étudier ici successivement l'aquiculture maritime et l'aquiculture des eaux douces, plutôt que d'avoir égard aux affinités naturelles des animaux eux-mêmes, plusieurs d'entre eux, quoique appartenant à des familles différentes, peuvent être élevés concurremment dès l'instant qu'ils habitent à la fois soit des eaux salées, soit des eaux douces.

AQUICULTURE MARITIME.

La mer fournit à l'alimentation un nombre considérable de produits et la récolte de plusieurs d'entre eux donne lieu à de grandes industries, dont il n'est pas besoin de faire longuement ressortir l'importance. La pêche proprement dite doit sans doute être regardée comme la source principale de ces richesses; toutefois l'aquiculture prend aujourd'hui, pour quelques animaux, un développement qui peut faire bien augurer de l'avenir. Ainsi, d'après les documents officiels, il existait, au 31 décembre 1876, 31,608 établissements de pêche (parcs, claires, viviers, etc.) occupant 10,398 hectares, détenus par 38,443 personnes, et l'on peut évaluer au moins à 200,000 le nombre des individus (hommes, femmes, enfants) employés à l'exploitation des parcs et pêcheries.

Poissons. — Ces animaux, qui arrivent en si grande abondance sur nos marchés, sont exclusivement ou presque exclusivement fournis à la consommation par l'industrie des pêcheurs. Cependant certaines tentatives et même quelques réalisations d'aquiculture ont été faites, qui méritent à tous égards de fixer l'attention.

D'après les rapports publiés dans le *Bulletin de la Société d'acclimatation*, de curieux résultats ont été obtenus par M. Léon Vidal à la ferme aquicole de Port-de-Bouc. Des bars et des muges y sont élevés à l'état de stabulation complète, puisqu'on arriverait à conserver et à engraisser une moyenne de 200 à 300 poissons dans un vivier ayant de 25 à 30 mètres carrés de superficie sur 1^m,50 de profondeur, soit environ de 5 à 12 individus par mètre cube. La nourriture donnée à ces animaux est fournie de main d'homme, on parvient même à faire accepter aux bars, si avides de proies vivantes, du poisson frais coupé en morceaux, des moules dépouillées, voire même du poisson salé; ce seraient là des résultats encourageants. L'auteur s'est appliqué à donner à ses travaux la plus grande publicité et, pour la partie pratique, décrit ses procédés dans les moindres détails.

On doit rapprocher des éducations précédentes les exploitations du bassin d'Arcachon, dont à Audenge, chez M. Douillard de la Mahaudière, on peut voir un si intéressant établissement. Il s'agit là de l'élevage du muge, de l'anguille, et accessoirement du bar. L'étendue des réservoirs, établis dans d'anciens marais salants, permet aux plantes, aux mollusques et à certains crustacés de se développer en abondance, et le fretin, introduit directement de la mer à certaines époques, trouve une nourriture suffisante pour fournir à son parfait développement. Nous ne pouvons entrer ici dans le détail des soins donnés à ces animaux, des précautions prises en vue de les soustraire aux trop grandes variations atmosphériques, etc., ce qui a été exposé avec grand soin dans des traités spéciaux. Bien qu'il s'agisse des mêmes poissons que ceux

élevés à Port-de-Bouc, le mode de procéder est, on le voit, diffé- **Gr. VIII.**
rent et l'éducation à Audenge doit être rapportée à l'aquiculture ⎯
naturelle.   **Cl. 84.**

Ces modes d'exploitation donnent d'excellents résultats, à en
juger par l'accroissement qu'ont pris les viviers et réservoirs des-
tinés aux éducations; d'après les chiffres fournis par le Ministère
de la marine, on en comptait seulement 25 en 1867, il y en a
aujourd'hui plus de 1,500.

Quant à la pisciculture maritime, elle n'a jusqu'ici donné lieu
à aucune tentative suivie. Les œufs de la plupart des espèces de-
mandent pour leur développement des conditions, on peut croire,
très spéciales, leur éclosion est des plus difficile à obtenir; l'alevin,
de très petite taille, a besoin malgré cela de quantités d'eau très
considérables, son éducation serait donc des plus pénibles. Comme
d'un autre côté le fretin se trouve en grande abondance nageant
librement, il paraît plus simple de le prendre sous cet état sans recourir à la fécondation artificielle. L'aquiculture en viviers ou en réservoirs, telle qu'elle est pratiquée à Port-de-Bouc, à Arcachon, etc.,
mérite jusqu'à présent la préférence, elle pourrait seulement s'appliquer à un plus grand nombre d'espèces, ce qui, du reste, a
déjà été tenté dans plusieurs de ces établissements.

Crustacés. — Les homards et les langoustes sont les seuls de
ces animaux qui semblent pouvoir devenir l'objet d'un élevage
industriel, le bas prix des différentes espèces de crabes qui
entrent dans la consommation ne permet guère d'espérer qu'ils
puissent couvrir les frais d'une exploitation un peu considérable;
quant aux crevettes, leur petitesse, la quantité d'eau et de nourriture qui leur est nécessaire, mettent également obstacle à leur
éducation.

Les crustacés adultes offrent de grandes difficultés, rien que
pour la conservation à l'état de vie. Leur nutrition est assez active,
ils réclament donc une nourriture abondante pour se maintenir en
bon état; on pourrait, à la vérité, leur procurer celle-ci, ces êtres
ne se montrant pas difficiles dans le choix des aliments, mais en
outre leur eau doit être fréquemment renouvelée. Si toutes ces

Gr. VIII.
—
Cl. 84. conditions, surtout la dernière, ne sont pas remplies, ces animaux maigrissent, et leur test se couvrant de vase et de végétations marines, ils perdent toute valeur marchande. Aussi d'ordinaire ne doit-on conserver qu'un petit nombre de ces animaux à la fois et le moins longtemps possible, inconvénient grave pour le pêcheur, qui ne peut choisir le moment favorable pour la vente. Cependant M. Halna du Fretay est parvenu aux îles Glenan (Finistère) à vaincre ces difficultés et, dans un réservoir, dont un modèle en relief a été exposé, il peut conserver, avec un volume d'eau d'environ 4,800 mètres cubes, jusqu'à 30,000 crustacés à la fois en n'ayant pas une mortalité de plus de 1,5 à 2 p. o/o. Des langoustes ont pu être maintenues captives pendant plus de six mois sans rien perdre de leurs qualités. Ce résultat est obtenu par un système fort ingénieux de cloisons et de vannes, qui, divisant le réservoir, permettent à chaque marée d'établir dans ce dernier des courants violents et de sens variables suivant les besoins.

Quant à la reproduction artificielle des crustacés, pour quelques uns d'entre eux, les langoustes, dont les larves de formes si bizarres habitent la haute mer, l'aquiculture paraît *a priori* impraticable; pour les homards, qui ne sont pas dans le même cas, un modèle de réservoir a bien été exposé dans la section norvégienne par une Société de Stavanger, qui s'occuperait, d'après son titre, *de la reproduction artificielle du homard,* mais il ne nous avait pas été possible d'obtenir des renseignements satisfaisants sur l'emploi de cet appareil et les résultats obtenus.

D'après une notice publiée depuis par M. H. S. Ditten, pharmacien de la Cour à Christiania (*De la protection et de la reproduction du homard et des huîtres,* 1879), le procédé consisterait à prendre des femelles de homard, ayant leurs œufs développés, pour les placer dans une caisse amarrée sur un endroit convenablement choisi et maintenue par des flotteurs à une certaine profondeur au-dessous du niveau des eaux. En remplaçant les animaux pendant la belle saison au fur et à mesure de l'éclosion de leurs œufs, on obtient dans ces réservoirs un grand nombre d'embryons qu'on entretient pendant quelque temps au moyen d'une

nourriture convenable. Mais, arrivés à un certain point de déve- **Gr. VIII.**
loppement, ils plongent au fond de la caisse, sortent par des ou- ——
vertures ménagées en ce point et gagnent le large. Cette méthode, **Cl. 84.**
on le voit, exige une certaine main-d'œuvre sans assurer au propriétaire la récompense de ses soins, puisque les petits échappent
à sa surveillance une fois hors du réservoir, elle ne pourrait donc
être recommandée qu'au point de vue de l'utilité publique, si
l'expérience lui est favorable.

Mollusques et Rayonnés. —- Quoique ces animaux puissent,
en fait, être confondus dans l'aquiculture maritime, toutefois il est
nécessaire d'examiner à part ce qui a trait aux huîtres et aux
moules, vu l'importance des établissements spéciaux qui s'en occupent et du commerce auquel elles donnent lieu, les premières
surtout étant aujourd'hui l'objet d'exploitations considérables.

Huîtres. — Le prix élevé auquel se vend ce mollusque, surtout
depuis que la facilité et la rapidité des moyens de transport ont
permis de l'expédier plus loin des lieux de production, a donné à
l'industrie ostréicole un grand développement, et la France, sous ce
rapport, avait devancé, on peut le dire, les autres nations. Il serait
superflu d'entrer ici dans des détails circonstanciés sur l'élevage et
la reproduction artificielle des huîtres, ce sujet ayant été traité
avec soin par différents auteurs et, dans ces derniers temps en
particulier, par M. le conseiller d'État de Bon, dont le rapport
a été publié en 1875 dans la *Revue maritime et coloniale;* deux
autres mémoires de M. Bouchon-Brandely, imprimés dans le
Journal officiel, l'un en janvier 1877, l'autre en mai 1878, con-
tiennent également nombre de détails sur les divers établissements ostréicoles de nos côtes tant océaniques que méditerranéennes. N'ayant rien à ajouter à ce qu'ont dit ces auteurs, il nous
paraît préférable d'insister seulement sur les résultats que l'Exposition de 1878 a pu davantage faire ressortir.

L'aquarium marin, transformé par les soins de M. de Bon en
exposition d'ostréiculture, a mis sous les yeux du public l'ensemble
des moyens employés pour l'exploitation de ces mollusques. On

Gr. VIII. retrouve d'ailleurs là à peu près les différents modes dans lesquels se divise l'aquiculture.

Cl. 84.

Parfois, à Marennes par exemple, l'industrie se rapproche de l'aquiculture domestique, les huîtres étant déposées dans des parcs limités, sortes de viviers où des conditions spéciales de milieu leur font acquérir les qualités recherchées dans l'huître verte. Toutefois l'homme n'agit là que d'une manière empirique, usant de moyens offerts par la nature et dont le mode d'action lui est encore mal connu.

Cette culture doit être distinguée du parcage ordinaire. Ici, l'huître, placée au voisinage du lieu de récolte, se trouve à peu près dans les mêmes conditions biologiques que sur les bancs d'où l'on vient de la retirer; elle est seulement soumise à une éducation, qui consiste à la placer successivement dans des lieux de plus en plus longtemps découverts à marée basse, pour l'habituer à user d'une manière plus continue du muscle adducteur de ses valves et lui donner ainsi la facilité de *garder son eau,* suivant l'expression des pêcheurs. Les recherches anatomophysiologiques de M. A. Coutance, professeur à l'école de médecine navale de Brest, sur le muscle du peigne, de l'huître, etc., en faisant connaître la différence d'action physiologique des deux parties constituantes de cet organe, nous donnent aujourd'hui l'explication scientifique de ce résultat, au premier abord assez singulier. En outre, par suite de cette occlusion plus prolongée, les fonctions respiratoires se ralentissent et le mollusque engraisse, comme nos animaux de basse-cour soumis à un repos forcé.

Ces modes de culture de l'huître sont fort anciens, mais une industrie nouvelle s'est fait jour et prend actuellement une grande extension, c'est l'ostréiculture, dont l'Exposition a pu faire constater les rapides progrès. En 1853, M. de Bon fit, le premier, des expériences concluantes sur la possibilité de recueillir les embryons de l'huître, ou le *naissain,* et d'en poursuivre l'élevage. M. Coste, vers la même époque, s'occupa de cette question et fit de grands efforts pour vulgariser ces méthodes. Il est juste de reconnaître qu'antérieurement cette industrie était, depuis une époque indéterminée, en usage au lac Fusaro, et que, d'un autre côté, dans

une note insérée aux *Comptes rendus des séances de l'Académie des* **Gr. VIII.**
sciences pour l'année 1845, M. Carbonnel avait indiqué le pro- **Cl. 84.**
cédé de récolte du naissain; toutefois, ces recherches n'étaient pas
arrivées encore à faire entrer l'ostréiculture dans une voie large-
ment pratique. L'historique de cette question a d'ailleurs été exposé
par les auteurs dont nous avons précédemment cité les travaux.
Aujourd'hui, le nombre des exploitations et des demandes de con-
cessions nouvelles témoigne d'une manière indiscutable en faveur
des résultats obtenus.

Pour la récolte du naissain, les collecteurs sont des plus
variés : tuiles, ardoises, fascines, brindilles, etc., tout a été mis
en usage. Cependant la préférence paraît être donnée d'une manière plus spéciale aux tuiles réunies en *ruches,* surtout depuis
l'emploi d'un enduit particulier ayant pour but de faciliter l'opé-
ration du *détroquage,* c'est-à-dire l'enlèvement de l'huître de son
support, lorsqu'au bout d'un certain temps, un an en général, on
doit la détacher pour lui permettre de se développer librement
et de prendre une forme régulière. On peut toutefois signaler une
nouvelle sorte de collecteurs présentés par l'Union des ostréiculteurs du Morbihan. Sur certains points de la côte, la violence
des courants faisant obstacle à ce que le naissain pût facilement
adhérer sur les ruches ordinaires, formées de tuiles à canal recti-
ligne, on y a substitué des pots irrégulièrement percés sur leur
pourtour; l'eau tourbillonnant dans l'intérieur de ceux-ci permet à
l'embryon de se fixer plus aisément. L'expérience fera connaître
ce qu'on doit attendre de cette ingénieuse modification.

La jeune huître détroquée offre peu de résistance au point
d'attache ou talon et devient souvent la proie de nombreux ennemis, crabes, gastéropodes divers, etc. Pour obvier à ce danger,
on a imaginé, dans ces derniers temps, d'enfermer ces jeunes
huîtres dans des sortes de boîtes plates, garnies, sur une ou deux
de leurs faces larges, d'une toile métallique, qui laisse l'eau pé-
nétrer librement tout en mettant obstacle à l'entrée des animaux
destructeurs. Malgré la dépense que nécessite l'établissement de
ces boîtes, dites *ambulances,* l'emploi s'en généralise de plus en
plus, ce qui parle en faveur de leur utilité. Les ambulances sont

déposées dans des sortes de réservoirs ou *claires*, dans lesquels l'eau de mer entrant à la marée montante est maintenue pour que les jeunes huîtres n'assèchent pas.

M. de Lamarzelle a proposé une modification qui, suivant lui, présenterait de grands avantages non seulement au point de vue économique, mais encore comme étant beaucoup plus favorable au développement régulier du mollusque. Ce sont des sortes de claires ou de bassins fermés en haut par un couvercle de toile métallique et entourés jusqu'à une certaine profondeur au-dessous du sol d'une couche de béton. Ces dispositions sont prises pour s'opposer à l'entrée des animaux destructeurs, mais l'espace à enclore étant plus considérable que dans l'ambulance ordinaire, il paraît difficile d'établir une fermeture suffisante et que l'une des parties, paroi de la claire, couvercle ou béton, ne permette pas sur un point l'introduction des crabes, des mollusques dangereux, etc. Le temps seul pourra permettre de juger des avantages de ce système.

Les établissements ostréicoles sont aujourd'hui nombreux sur nos côtes océaniques, et l'on a pu voir à l'Exposition les plans de plusieurs d'entre eux. Citons, en particulier, le modèle en relief, exposé par M. Grenier, comme donnant une idée des plus exactes d'une semblable exploitation. Pour comprendre l'importance industrielle de l'ostréiculture, il suffit d'ailleurs de se reporter aux chiffres donnés par le Département de la marine et constatant que, du 1er septembre 1876 au 30 avril 1877, 202,392,225 huîtres marchandes, représentant une valeur de 4,456,228 francs, sont sorties du seul bassin d'Arcachon pour être livrées au commerce.

Sur nos côtes méditerranéennes, ce genre d'industrie avait rencontré jusqu'ici de sérieuses difficultés, cependant on peut concevoir aujourd'hui de meilleures espérances, et, sur certains points, au parc de Brégaillon, près Toulon, par exemple, chez M. Malespine, des résultats beaucoup plus satisfaisants ont été obtenus dans ces dernières années.

La seule espèce d'huîtres qui entrât dans le commerce de nos pays, il y a peu de temps encore, était l'huître commune, *ostrea*

edulis, Linné; mais le haut prix de ces mollusques suggéra l'idée Gr. VIII.
de lui chercher quelque équivalent et l'on a importé et même élevé
une seconde espèce, l'*ostrea angulata*, Lamarck, dite huître de Por- Cl. 84.
tugal, le premier lieu d'exportation ayant été l'embouchure du Tage.
Cet animal, tout en appartenant au même genre, diffère sensible-
ment de l'huître commune. Sa valve profonde est beaucoup plus
creuse et présente, sur sa face convexe, trois plis plus ou moins
marqués; le talon est d'ordinaire saillant, caractère du genre
Gryphæa, de Lamarck, dont cette espèce était le type. Au reste,
comme M. Fischer l'a montré, cette coquille se montre essentiel-
lement polymorphe. A ces caractères différentiels, on peut ajouter
que la valve operculaire est toujours un peu concave de dehors
en dedans, enfin, les points où s'insère le muscle adducteur des
valves sont marqués d'une teinte violacée spéciale.

L'huître portugaise, fort bien étudiée aujourd'hui (M. J. Re-
naud a publié à Arcachon sur ce sujet une notice où se trouvent
des détails pleins d'intérêt), présente sur l'huître commune deux
avantages : en premier lieu, sa croissance est plus rapide, deux
ans au lieu de trois ou cinq pour arriver à la taille marchande;
puis, l'espèce est beaucoup moins délicate et paraît devoir pros-
pérer en des lieux où l'autre ne peut vivre. Pour en donner une
idée, on peut citer une exploitation d'huîtres de Portugal dans le
quartier de Pauillac, sur de véritables bancs développés en ce
point et dont l'origine singulière mérite d'être rappelée. « Un
bateau à vapeur, chargé pour le compte d'un sieur Coycault, qui
avait été autorisé, par un arrêté préfectoral du 17 décembre 1866,
à déposer sur le crassat des Gralindes, dans le bassin d'Arcachon,
des huîtres provenant du Tage, fut forcé par le mauvais temps
de chercher un refuge dans la Gironde, qu'il remonta jusqu'à
Bordeaux. Son chargement s'échauffa, l'infection qu'il répandit
fut telle, que l'administration locale, craignant pour la santé
publique, dut intervenir et inviter le capitaine à reprendre immédiatement la mer. Celui-ci n'attendit pas qu'il fût au large
pour se débarrasser de sa cargaison, il la fit jeter dans le lit
du fleuve par le travers de Richard, de Talais et du Verdon;
c'est à cette circonstance que l'on doit l'immense gisement huîtrier

qui s'étend aujourd'hui sur la rive gauche de la Gironde, dans la direction du sud, jusqu'à By et Saint-Christoly et, dans celle du nord, jusqu'à la pointe de Grave et bien au delà, puisque le frai s'est répandu jusqu'à l'île de Ré et l'île d'Oléron, où il couvre les murs de certaines pêcheries au point que les pierres disparaissent. » (Documents communiqués par le Département de la marine.)

Si, au point de vue de sa vigueur et de sa résistance vitale, l'huître portugaise l'emporte sur l'huître comestible, en revanche, elle lui est inférieure comme taille et comme régularité dans la forme; de plus, ce qui est beaucoup plus grave, elle ne peut lui être comparée pour le goût. Au sortir du banc, l'*ostrea angulata* est à peine mangeable et, même après un parcage bien conduit, tout en s'améliorant, elle n'acquiert jamais ni la chair, ni la saveur de l'*ostrea edulis*. Elle doit donc être regardée comme de qualité inférieure.

Cependant l'introduction et l'élevage de ce mollusque, pour venir suppléer sur le marché à l'insuffisance numérique de l'huître ordinaire, pourrait être encouragée, si toutefois il n'en résulte aucun inconvénient quant à la reproduction et à l'avenir de celle-ci. Or, récemment M. H. Leroux, de Nantes, a avancé qu'il y avait hybridation possible entre les deux espèces et que, vu la plus grande vigueur de l'huître portugaise, il était à craindre qu'elle ne vînt envahir nos bancs et infester les élevages en altérant les qualités de l'huître comestible. Cette révélation a vivement ému les ostréiculteurs et, de tous côtés, ont été formulés des vœux pour obtenir la prohibition d'importer l'huître nouvelle.

Il n'est pas possible, dans l'état actuel de nos connaissances, de décider cette grave question et de savoir d'une manière certaine si cette hybridation est probable ou même possible.

Les travaux des naturalistes modernes et en particulier les recherches de M. H. Lacaze Duthiers faites en 1854, ont démontré de la manière la plus formelle l'hermaphroditisme anatomique de l'huître commune, la présence simultanée des spermatozoïdes et des ovules dans une même glande sur un même individu n'est plus mise

en doute par aucun zoologiste. Quant à l'hermaphroditisme phy- **Gr. VIII.**
siologique il ne peut être regardé comme scientifiquement établi. **Cl. 84.**

On sait que chez la plupart des mollusques acéphalés, les œufs déposés dans les feuillets branchiaux y subissent leur développement jusqu'à la formation d'un embryon cilié, qui s'échappe, emporté au dehors par le courant aquifère dont la cavité libre du manteau est incessamment traversée. Comment chez l'huître et les autres mollusques hermaphrodites analogues se fait l'imprégnation? Les œufs arrivent-ils déjà fécondés dans les organes respiratoires? Est-ce dans ceux-ci qu'ils sont en contact avec les spermatozoïdes et dans ce cas d'où viennent ces derniers, du même animal ou d'un animal voisin?

Pour réaliser la première hypothèse les éléments mâles doivent agir sur l'ovule dans la glande génitale même ou immédiatement à la sortie, et perdraient rapidement à l'extérieur leur propriété fécondante. Cette manière de voir ne paraît pas en rapport avec ce que nous observons chez les acéphalés soit à sexes réunis sur un même individu, mais à glandes mâle et femelle distinctes, comme la coquille Saint-Jacques, *pecten Jacobœus*, Linné, soit, à plus forte raison, à sexes séparés, comme la moule ordinaire; dans l'un et l'autre cas c'est dans les branchies que doit s'opérer la fécondation. Si, au contraire, l'imprégnation est postérieure à la ponte, ce qui paraît plus probable, et que ce soit l'individu producteur des œufs qui les féconde ensuite, il est fort difficile de ne pas croire qu'un nombre plus ou moins considérable de spermatozoïdes ne soient à ce moment entraînés par le courant aquifère et ne puissent, portés chez les individus voisins, y produire une fécondation croisée. Ce transport de l'élément mâle aurait toujours lieu dans la troisième hypothèse et l'huître devrait être alors considérée comme androgyne, c'est-à-dire que, tout en possédant les attributs des deux sexes elle aurait besoin, comme l'escargot, d'une fécondation réciproque pour le développement des produits de la génération.

Le problème est, on le voit, très complexe, mais, quoi qu'il en soit de ces vues purement théoriques, c'est à l'expérience et à l'observation seules qu'il convient d'avoir recours pour juger une question aussi importante et jusqu'ici on n'a pas de faits réellement probants pour l'une quelconque de ces manières de voir. Sans doute des naturalistes ont parlé d'huîtres isolées donnant naissance à des embryons vivants; mais, depuis combien de temps l'animal était-il séquestré? D'ailleurs cela ne démontre pas d'une manière absolue, on vient de le voir, l'impossibilité de la fécondation croisée. D'un autre côté, M. H. Leroux s'est appuyé, pour prouver la réalité de ses vues, sur l'examen de coquilles, qu'il regarde comme provenant d'animaux métis. Il a exposé un certain nombre d'entre elles et quelques-unes, en effet, paraissent réunir des caractères empruntés aux deux espèces, ainsi des huîtres ayant, autant qu'on peut en juger, la forme de l'*ostrea edulis,* ont une teinte violacée sur une partie de l'empreinte musculaire; d'autres, sans cette teinte spéciale, offrent un rudiment des trois plis, mais l'huître portugaise est à un tel point polymorphe que la solution du problème, avec de semblables éléments, présente une difficulté des plus grandes. Il serait indispensable, pour arriver à résoudre la question d'une manière satisfaisante, que des recherches, d'ailleurs longues et délicates, fussent entreprises dans ce but spécial: c'est ce dont s'occupe le Département de la marine, qui a déjà fait de si grands efforts en faveur de l'ostréiculture.

Si la possibilité d'un croisement entre l'*ostrea edulis* et l'*ostrea angulata* se trouvait démontrée, il serait important de savoir si ces métis sont féconds et dans quelle limite, enfin vers lequel des deux types ils paraissent avoir tendance à retourner dans les générations successives.

Moules. — Il y a peu de chose à dire sur les progrès de la mytiliculture. Quoique le bas prix de ce mollusque et la facilité qu'on a de se le procurer à l'état de nature livrable à la consommation, soient autant de causes qui fassent souvent craindre de risquer les dépenses minimes que réclame un établissement pour l'élevage de la moule, cependant dans les quartiers maritimes de la Rochelle et de Rochefort cette industrie est en voie de développement sensible. Les procédés sont, au reste, les mêmes qu'autrefois et l'Exposition de 1878 n'a rien révélé de particulier

à cet égard. On peut toutefois citer M. Vidal pour ses essais de
mytiliculture dans les bas-fonds sur les plages méditerranéennes.

Mollusques et rayonnés divers. — Nous croyons devoir mentionner
spécialement les tentatives faites depuis peu, dans la Méditerranée,
pour élever quelques autres espèces recherchées par les riverains
de cette mer. Ces populations emploient, comme on le sait, dans
la consommation habituelle une variété beaucoup plus grande
d'animaux inférieurs que les habitants des côtes océaniques en général. M. Malespine a envoyé une série fort complète des êtres
qu'on exploite à son établissement de Bregaillon. Cette série ne
comprend pas moins de vingt-huit espèces de mollusques, gastéropodes et acéphales, plus une ascidie, l'oursin comestible est aussi
recueilli dans ces parcs d'élevage.

Pour tous ces animaux on ne peut dire encore qu'il y ait en
réalité culture véritable, la plupart, par suite de leur organisation
qui leur permet un déplacement facile, se prêtent moins que
l'huître et la moule à une éducation régulière. Il est toutefois intéressant de constater les efforts faits dans cette voie, on verra plus
tard ce qu'on est en droit d'attendre de cette nouvelle industrie.

AQUICULTURE DES EAUX DOUCES.

L'aquiculture pratiquée dans les eaux marines est, on vient de
le constater, en voie de progression réelle, l'industrie correspon-
dante dans les eaux douces semble au contraire subir un temps
d'arrêt. Les poissons sont les seuls êtres dont on s'occupe comme
culture aujourd'hui; d'autres animaux employés dans l'alimentation, tels que les écrevisses, ne sont pas l'objet d'exploitations
industrielles suivies. Pour ce qui est des sangsues, l'hirudinicul-
ture paraît être restée dans un état stationnaire ou même avoir
éprouvé une certaine défaveur; en tous cas l'Exposition n'a pas
permis de constater ses progrès.

La pisciculture fluviatile, dont seule, par conséquent, nous de-
vrons nous occuper, ne jouit plus peut-être de cette popularité
qu'elle possédait il y a un certain nombre d'années; en revanche,

Gr. VIII.
—
Cl. 84.

il est juste de reconnaître qu'elle est pratiquée avec beaucoup plus de méthode et, si l'on n'a plus la même hardiesse pour l'empoissonnement général de nos cours d'eau, par contre, dans certains établissements, la réussite pour l'éducation de quelques espèces doit être regardée comme un fait définitivement acquis.

L'élevage du poisson, fort anciennement connu (et l'on peut sur ce point consulter l'excellent historique donné par M. Blanchard dans son ouvrage sur les poissons des eaux douces de la France), a-t-il jamais réussi et dans quelles conditions a-t-il réussi?

La pisciculture dans nos pays a de tout temps été faite pour la carpe, la tanche, etc., poissons de préférence herbivores, se contentant d'eaux peu fréquemment renouvelées, fixant leurs œufs aux tiges de végétaux aquatiques, conditions qui, d'une part, permettent de rassembler ces animaux en grand nombre dans un espace relativement petit et, en second lieu, font que leur évolution dans l'œuf s'opère avec des chances moins grandes de destruction accidentelle. Cet élevage est encore pratiqué, comme il paraît l'avoir été toujours, sans aucune modification importante. En Chine, où depuis longtemps la pisciculture est faite sur la plus vaste échelle, elle s'adresse également à des poissons herbivores, comme M. Dabry de Thiersent l'a récemment exposé avec grands détails, seulement ce sont des espèces plus faciles encore peut-être que les nôtres quant aux moyens d'existence et ayant une croissance plus rapide. Mais qu'est-ce que la carpe et la tanche? Deux poissons de peu de valeur, qui, par conséquent, ne peuvent tenter l'industrie au delà de certaines limites et ne permettent pas de songer à faire des dépenses un peu considérables pour leur élevage. On a donc pensé à d'autres animaux plus estimés, les salmonides, et c'est sur eux qu'ont porté surtout des essais de multiplication encouragés par l'idée que ces précieux poissons, devenus de plus en plus rares dans beaucoup de nos cours d'eau, y existaient autrefois en grande abondance.

Il n'est pas inutile de faire remarquer que deux idées opposées partagent les esprits en ce qui concerne la culture des poissons d'eau douce. Certaines personnes pensent que si ces animaux ont disparu de nos cours d'eau d'une manière si désastreuse, c'est qu'ils n'y trouvent plus les conditions nécessaires pour leur déve-

loppement; il suffirait de leur rendre celles-ci pour que l'abondance succédât à la disette. D'autres, mettant au contraire tous les
torts sur l'activité dévastatrice de l'homme, croient que les conditions biologiques sont suffisantes et qu'il ne manque que des êtres
pour se développer. C'est cette dernière manière de voir qui a
donné naissance à ces tentatives de repeuplement par la fécondation artificielle, laquelle est souvent regardée à tort comme
constituant toute l'aquiculture.

Il est incontestable que le poisson, d'une manière générale,
tend à disparaître de nos eaux douces, et les auteurs spéciaux ont
insisté sur les causes multiples de ce dépeuplement, telles au moins
que nous pouvons les saisir. L'importance du sujet nous engage
à les rappeler brièvement.

En ce qui concerne les premiers développements, c'est-à-dire
depuis la ponte jusqu'à l'éclosion, l'aménagement de la plupart
de nos cours d'eau y apporte de grands obstacles. Le curage de
nos canaux, en enlevant les plantes sur lesquelles bon nombre
d'espèces fixent leurs œufs, nuit certainement à la propagation de
celles-ci; il serait à propos que l'Administration, qui aujourd'hui
interdit la pêche sur un certain nombre de points gardés comme
réserve, veillât à ce qu'en ces mêmes endroits le faucardage fût
défendu ou tout au moins réglementé pour obvier à cet inconvénient, ces deux mesures, protection des adultes, facilité de la reproduction, étant le complément l'une de l'autre. Pour certaines
espèces, qui déposent leurs œufs sur le sable, la conservation des
frayères n'est pas moins importante. Quant aux poissons migrateurs, tels que les saumons, les barrages, qui coupent les cours
d'eau, doivent être pourvus d'*échelles* permettant à tous les moments à ces animaux de remonter les courants aussi haut que leur
instinct les y pousse.

Le petit ou alevin, une fois sorti de l'œuf, se trouve soumis à
des conditions de mortalité variées. Certaines causes naturelles, la
destruction par les animaux carnassiers, par exemple, sont sans
doute à prendre en considération, mais la fécondité des poissons
est telle, qu'il n'y aurait guère, croyons-nous, à s'en préoccuper
s'il ne s'y joignait des causes bien autrement meurtrières, dues à

l'influence de l'homme. On a parlé du déboisement et, quoique
différents pisciculteurs n'aient pas cru devoir prendre en considération cette cause de mortalité pour l'alevin, nous ne pensons pas
cependant qu'elle soit sans influence. Dans les premiers temps de
la vie, les jeunes poissons recherchent de préférence les infusoires,
c'est là un fait bien connu de tous ceux qui s'occupent de l'éducation de ces animaux; on sait également avec quelle abondance les
animalcules microscopiques se développent sur les débris végétaux
immergés; ces observations n'ont pas été étrangères aux succès
remarquables obtenus dans l'élevage de différents poissons exotiques, aujourd'hui acclimatés par notre intelligent pisciculteur
M. Carbonnier. L'absence de végétaux peut, sous ce rapport, in-
fluer d'une manière fâcheuse sur le développement des jeunes
poissons. L'écoulement des ruisseaux pour l'irrigation des prairies
détruit sur bien des points une quantité considérable d'alevin,
d'autant que souvent l'assèchement des cours d'eau est complet; il
serait désirable d'exiger l'établissement de maçonneries encadrant
les vannes de prise, pour régler la limite d'écoulement de manière
que le ruisseau retînt toujours une quantité d'eau suffisante pour
offrir un refuge temporaire au poisson.

Des causes non moins énergiques de destruction résultent de
l'infection des eaux par le rouissage du lin, le déversement des
produits d'usine et des égouts, etc. Malheureusement, pour porter
remède à ce mal incontesté, on se heurte à des difficultés sérieuses
en raison des graves intérêts qui se trouvent en jeu. L'hygiène
publique étant elle-même en cause dans cette question, il serait
désirable à ce double point de vue qu'on pût trouver au plus tôt
une solution satisfaisante. On peut signaler, comme se rappor-
tant à cet objet, les travaux de M. de Gérardin, qui, en s'occupant de l'assainissement des eaux, a donné une méthode fort
ingénieuse et simple pour s'assurer de leur pureté par le dosage
de l'oxygène qu'elles tiennent en dissolution; les pisciculteurs,
dans bien des cas, pourront mettre à profit les remarques de ce
chimiste.

Quant à la conservation du poisson arrivé à l'état adulte, sans
parler des causes d'infection des eaux, dont il vient d'être question

et qui ne lui sont pas moins fatales qu'à l'alevin, elle se résume, **Gr. VIII.**
on peut le dire, dans la répression du braconnage et des manœuvres
coupables qu'il emploie : usage des engins prohibés, pêche à la **Cl. 84.**
main, destruction en bloc par la coque du levant, la chaux, la
dynamite, etc.

Tous ces faits sont bien connus, et l'Administration cherche par
tous les moyens dont elle peut disposer à combattre ces fâcheux résultats; nous ne croyons pouvoir faire mieux pour le montrer que
de reproduire la note suivante, qu'un membre du jury, M. Caulet
de Longchamps, chef de la division des pêches au Ministère des
travaux publics, a bien voulu nous remettre.

PÊCHE ET PISCICULTURE FLUVIALES.

«Aux termes de la loi du 15 avril 1829, le droit de pêche est
exercé, en France, au profit de l'État, dans tous les fleuves, rivières
ou canaux navigables ou flottables dont l'entretien est à sa charge.
Dans tous les autres cours d'eau, ce sont les propriétaires riverains
qui jouissent de la pêche.

«La longueur des fleuves, rivières et canaux dans lesquels la
pêche est amodiée au profit du Trésor est d'environ 13,300 kilomètres.

«L'administration de la pêche fluviale était autrefois confiée à la
Direction générale des eaux et forêts; un décret du 29 avril 1862
l'a placée dans les attributions du service des ponts et chaussées.
La surveillance de la pêche est exercée par des gardes-pêche spéciaux et par les agents de tout ordre des ponts et chaussées com-
missionnés pour cet objet; les agents des douanes, des contributions
indirectes, des octrois, les gardes champêtres et les gendarmes sont
également chargés de relever les infractions à la loi de 1829.
Enfin les syndics des gens de mer, les gardes maritimes et les
gendarmes de la marine, concourent à la surveillance dans la
partie des cours d'eau comprise entre la limite de l'inscription
maritime et le point où cesse la salure des eaux.

«De 1863 à 1870 inclusivement, la moyenne des procès-ver-
baux dressés annuellement par les agents chargés de la police de

Gr. VIII.
—
Cl. 84.

la pêche dépasse 5,600. Cette moyenne s'abaisse à 3,000 environ dans les sept dernières années. Les résultats obtenus par la surveillance amènent donc la diminution du nombre des contraventions.

« Lorsque s'est ouverte l'Exposition de 1867, une loi récente, celle du 31 mai 1865, était venue combler d'importantes lacunes de notre législation sur la pêche. A ce moment, les nouvelles dispositions qu'il s'agissait d'appliquer n'étaient pas encore entrées dans leur période d'exécution; il paraît utile de les rappeler. Aux termes de la loi de 1865, l'administration a la faculté d'interdire d'une manière absolue, pendant un certain temps, la pêche dans des parties déterminées des cours d'eau, en vue de favoriser la reproduction du poisson. Avant d'être appliquée sur les petits cours d'eau, ce qui eût entraîné le payement d'indemnités aux propriétaires riverains, privés momentanément du droit de pêche, la mesure a été expérimentée dans les cours d'eau du domaine public.

« Des décrets rendus en Conseil d'État et après avis des conseils généraux, ainsi que l'exige la loi, ont prohibé toute espèce de pêche pendant cinq ans, à partir du 1er janvier 1869 jusqu'au 1er janvier 1874, sur 1,700 kilomètres de fleuves et rivières répartis entre 68 départements. A l'expiration de cette première période, on a pu constater l'influence favorable de l'institution des réserves sur le repeuplement des rivières; mais, en même temps, on reconnaissait que la mesure pouvait, sans perdre de son efficacité, être renfermée dans des limites plus étroites. Aussi, lorsqu'en 1875 on a renouvelé pour une autre période de cinq ans la durée de l'interdiction de la pêche dans la plupart des emplacements déterminés en 1869, on a diminué de moitié environ la longueur des réserves, en s'abstenant autant que possible de les maintenir aux abords des grandes villes, afin de ne pas priver les populations de la distraction que leur procure la pêche à la ligne.

« Tout en protégeant les lits de fécondation, il était essentiel de faciliter les migrations périodiques des poissons voyageurs. C'est, en effet, dans les parties supérieures des rivières que diverses espèces des plus précieuses, telles que la truite et le saumon, vont **Gr. VIII.** déposer leurs œufs. Or les barrages établis dans ces cours d'eau, **Cl. 84.** pour les besoins de la navigation, de l'agriculture et de l'industrie, opposaient à ces migrations un obstacle à peu près insurmontable, lorsque l'invention des échelles à poissons, due à M. Smith, de Déanston, propriétaire de grandes usines sur le Thiet, à Donne (comté de Perth), a permis de remédier en partie à cette difficulté. En 1834, ce propriétaire eut l'idée d'établir sur son barrage une passe en plan incliné avec cloisons transversales à orifices alternatifs, et l'expérience ne tarda pas à démontrer que le poisson s'introduit dans ces passages, lorsque les dispositions en sont bien calculées. Les échelles à saumon ont été mises en pratique avec succès en Angleterre et en Écosse. La loi du 31 mai 1865 en a prescrit l'établissement dans nos cours d'eau ; cependant, des essais, pour la plupart infructueux, avaient été déjà tentés antérieurement sur quelques-unes de nos rivières et cet insuccès avait rendu l'Administration très circonspecte ; ce n'est qu'avec une certaine hésitation qu'elle s'est livrée à de nouvelles dépenses pour l'installation de ces engins. Elle profite soit de la reconstruction des anciens barrages, soit de l'établissement de barrages nouveaux pour y combiner économiquement la création d'échelles à saumon. Elle a d'ailleurs. recommandé tout particulièrement aux ingénieurs l'essai d'un système dont l'efficacité semble s'affirmer. Ce procédé consiste à pratiquer, dans la partie mobile des barrages, une ou plusieurs ouvertures entre le seuil et une barre d'appui sur laquelle reposent des aiguilles plus courtes que les autres. On a constaté que les poissons parvenaient à franchir ces ouvertures. La plupart du temps, il suffirait même de manœuvrer à des moments déterminés les parties mobiles des barrages, soit en enlevant des aiguilles dans des points convenablement choisis, soit en ouvrant plus ou moins des vannes ou des pertuis. L'expérience prononcera sur ces divers systèmes.

« La réglementation du droit de pêche a subi, depuis 1867, d'importantes modifications. Aux préfets appartenait autrefois le droit de déterminer, sur l'avis des conseils généraux et sauf approbation par ordonnances royales, les temps, saisons, heures d'in-

Gr. VIII.
—
Cl. 84.

terdiction de la pêche, les modes de pêche et engins à proscrire comme pouvant nuire au repeuplement de nos rivières, enfin les dimensions des filets et instruments de pêche autorisés. Des règlements distincts étaient ainsi intervenus dans chaque département et avaient amené la plus regrettable diversité, tant dans les époques d'interdiction de la pêche que dans les procédés, modes, filets et engins autorisés ou prohibés. Il était indispensable de mettre un terme à cette situation; un décret du 25 janvier 1868, délibéré en Conseil d'État, à la suite des avis des conseils généraux, a adopté un même règlement pour tous nos cours d'eau, sauf quelques dispositions spéciales à diverses localités. Cependant cette réglementation n'était appliquée qu'à titre d'expérience, et les conseils généraux, dans leurs sessions de 1871 à 1873, ont été consultés sur les modifications que leur paraîtrait pouvoir comporter le décret de 1868. Le reproche adressé à ce règlement a été de n'avoir pas fait une part suffisante à la décentralisation. Un nouveau décret du 10 août 1875 a tenu compte des vœux qui s'étaient manifestés à cet égard, tout en conservant l'uniformité dans les principes les plus essentiels de la réglementation.

« Aussitôt après sa promulgation, ce nouveau décret a soulevé de vives réclamations en ce qu'il maintenait l'interdiction de pêcher la nuit les espèces voyageuses et de faire usage des filets traînants. Un dernier décret du 18 mai 1878 a modifié sur ces deux points la réglementation existante. Les fermiers peuvent aujourd'hui pêcher, deux heures avant le lever et deux heures après le coucher du soleil, l'anguille, la lamproie, le saumon et l'alose, dans des emplacements spécialement désignés. Ils peuvent également employer les filets traînants dans les parties profondes des lacs, des réservoirs, des canaux et des fleuves et rivières navigables.

« Avec les mesures propres à développer le peuplement naturel des cours d'eau vient se combiner la fécondation artificielle. Malheureusement nous n'avons pu encore remplacer l'établissement de Huningue, que les événements de 1870-1871 ont fait passer dans les mains de l'Allemagne. Un projet présenté par les ingénieurs pour la création d'un nouvel établissement a été adopté en principe, mais l'exécution en a été ajournée en premier lieu faute de crédits et ensuite parce que l'on a mis à l'étude la question de **Gr. VIII.** savoir s'il ne conviendrait pas de substituer à un établissement — unique plusieurs établissements régionaux. On a songé également **Cl. 84.** à utiliser pour la pisciculture les vastes réservoirs projetés dans les Vosges pour l'alimentation du canal de l'Est. Toutes ces questions recevront une solution prochaine.

« En résumé, si l'on juge d'après les résultats obtenus par les dernières adjudications, on doit en induire que la nouvelle réglementation est favorable à la conservation du poisson. En effet, en 1863, le produit de la location de la pêche dans les cours d'eau du domaine public était de 580,000 francs. Il atteignit 820,000 francs en 1871 et 858,000 francs en 1876.

« La durée des baux d'amodiation du droit de pêche est la même que celle qui régit l'affermage des biens domaniaux, c'est-à-dire de trois, six ou neuf années. L'Administration avait d'abord songé à recourir à des baux à long terme, mais elle a été arrêtée par cette considération qu'on venait d'inaugurer une nouvelle réglementation, qui avait besoin de la consécration de l'expérience.

« Enfin de très importants travaux sont encore à exécuter sur les fleuves, rivières et canaux navigables, et le trouble apporté par ces travaux dans la jouissance de baux à long terme aurait entraîné pour l'État de sérieux embarras et provoqué de la part des fermiers des demandes d'indemnités. »

Ce rapport peut faire juger de l'importance que l'Administration supérieure attache à l'aquiculture dans les eaux douces. Quant aux efforts de l'initiative privée, si l'on n'avait égard qu'au petit nombre des exposants, on pourrait croire qu'en France cette industrie est presque complètement délaissée. Il n'en est rien cependant et, en se reportant aux travaux publiés sur cette question dans ces dernières années, aux ouvrages de M. Millet, de M. Bouchon Brandely, aux diverses notes que MM. Vidal, Raveret Wattel, etc., ont insérées dans le *Bulletin mensuel de la Société d'acclimatation*, on

Gr. VIII.
—
Cl. 84.
reconnaîtra que les plus louables efforts ont été faits pour dé-
gager d'essais ayant causé bien des mécomptes et amené souvent
le découragement, ce qu'il pouvait y avoir d'utile et de pratique.

En examinant les résultats obtenus et les tendances des pisciculteurs, on reconnaît qu'il s'est opéré dans les esprits d'importants changements, quant à la manière de comprendre l'élevage
des poissons obtenus par la fécondation artificielle.

L'idée dominante, il y a quelques années, était d'arriver avec
l'alevin, amené à une période plus ou moins avancée de son développement, à repeupler les cours d'eau en y abandonnant ces
animaux à leurs propres forces. Sur certains points, cette méthode,
qui n'a guère donné que des déceptions, est encore pratiquée;
ainsi dans la Seine-Inférieure, M. de Folleville, qui, depuis
1856, s'occupe avec le plus grand zèle du rempoissonnement
de la Saânne, a mis dans cette rivière en dix ans (1868 à
1878) 421,000 truites à l'état d'alevins, ayant perdu la vésicule ombilicale. Suivant le rapport présenté par M. Eugène Noël,
le 27 juin 1878, à la commission départementale de pisciculture,
les truites adultes seraient maintenant plus abondantes dans ces
régions, mais il est regrettable que des chiffres positifs n'indiquent
pas dans quelle mesure l'augmentation et le repeuplement ont eu
lieu. Des renseignements analogues nous ont été donnés pour les
environs du Puy par M. Auguste Hedde, lequel a exposé un appareil ingénieux pour le transport du poisson vivant.

Aujourd'hui l'aquiculture, basée sur la fécondation artificielle,
paraît se proposer plutôt l'élevage dans des espaces limités, jusqu'à
ce que l'animal ait la taille voulue pour être marchand; c'est là un
procédé se rapprochant de la stabulation. Les lacs de l'Auvergne,
faciles à enclore et à surveiller soit pour l'entrée, soit pour la
sortie des eaux, les ruisseaux si limpides et si abondants de ces
mêmes régions, ont permis d'installer des établissements qui
peuvent passer pour des modèles; il nous suffira de rappeler les
noms de MM. Ricco, Berthoule, Féligonde. Dans le département
de Seine-et-Oise, MM. de Haber et de Béhague ont formé un
établissement qui peut être rapproché des précédents, aussi bien
que celui dont M. le baron Simon Revay (de Hongrie) avait ex-

posé au Champ de Mars un plan en relief (Établissement ichthyo- **Gr. VIII.**
génique de Kis-Selmecz, comté de Thúroéz).   **Cl. 84.**

Les procédés mis en pratique dans ces diverses exploitations ne paraissent pas différer notablement de ceux indiqués par Coste, l'un des premiers qui ait exposé d'une manière didactique les manœuvres permettant d'obtenir la fécondation des œufs, les soins à prendre de l'alevin dans les premiers temps de son développement jusqu'à la résorption de la vésicule ombilicale, etc.

On a pu voir à l'Exposition plusieurs modèles de boîtes à incubation; les modifications qu'elles présentent, comparées aux appareils précédemment connus, sont de peu d'importance et, dans certains cas, d'une utilité douteuse. Il est vrai que tous les appareils, jusqu'à un certain point, donnent de bons résultats dès l'instant qu'ils sont surveillés avec le soin voulu par des personnes intelligentes.

Une des plus grandes difficultés est de nourrir les alevins après la résorption de la vésicule ombilicale. A l'état de nature les jeunes salmonides, déjà carnivores, vivent d'infusoires, de petits crustacés, etc.; c'est évidemment ce qu'il serait préférable de leur fournir, si l'on n'éprouvait une difficulté très grande jusqu'ici à se procurer ces animalcules en quantité suffisante. Non seulement, en effet, cette nourriture doit être considérée comme plus saine, mais encore elle développe les aptitudes locomotrices du jeune poisson obligé de poursuivre activement sa proie et devenant par suite plus capable de fuir les ennemis nombreux dont il est entouré. Toutefois, dans la pratique, on en est réduit à employer une nourriture artificielle, qui varie beaucoup suivant les établissements, comme on peut le voir dans les traités spéciaux.

Pour les salmonides déjà grands la même difficulté se présente et, malgré l'avantage qu'offriraient des proies vivantes, tels que ces petits poissons communs confondus sous le nom de *blanchaille*, presque toujours on doit se contenter d'une alimentation composée d'animaux ou de débris d'animaux morts, méthode qui, pour les élèves maintenus à l'état de stabulation, permet cependant d'obtenir des produits satisfaisants. Toutefois certains pisciculteurs s'occupent aujourd'hui simultanément de la multiplication de cette

Gr. VIII.
Cl. 84.

blanchaille et, dans l'établissement de M. Féligonde, que nous citions tout à l'heure, des bassins spéciaux sont disposés à cet effet. M. de Beaumont (Gers) a fait des tentatives analogues; c'est là une excellente innovation, qui peut avoir une influence réelle sur l'avenir de l'aquiculture.

Il est en effet permis de supposer que le choix limité des espèces n'a pas été étranger aux insuccès de cette industrie, telle qu'on en a fait l'application pour le repeuplement de nos cours d'eau. Lorsqu'on étudie de près la pisciculture, on voit, comme la remarque en a été faite plus haut, que l'élevage réellement pratiqué a jusqu'ici porté sur les espèces herbivores, et la Chine, que l'on cite toujours comme exemple, n'applique ses procédés qu'à différents cyprins; il est facile dans nos climats d'en user de même à l'égard des poissons analogues, la carpe ou la tanche. Dès l'instant qu'il s'agit des salmonides, et plus généralement des espèces carnassières, la question devient toute différente. Nous pouvons, sinon formuler d'une manière complète, au moins entrevoir le balancement nécessaire des organismes dans la nature. On connaît le lien qui unit les animaux et les végétaux, ou, en termes plus précis les êtres consommant l'oxygène et les êtres dédoublant l'acide carbonique. A côté de ce fait, nous observons la pondération établie entre les animaux carnivores et les animaux herbivores, amenant l'accroissement alternatif du nombre des uns ou des autres et les maintenant ainsi dans un équilibre, qui ne pourrait être rompu au delà d'une certaine limite, sans amener la disparition de tous. Dans l'agriculture, jamais il ne viendrait à l'esprit de ne pas établir une mesure entre l'élevage des bestiaux et la production des fourrages. L'aquiculture naturelle, en ce qui concerne les poissons carnassiers, a sans doute plus d'analogie avec la multiplication recherchée du gibier, c'est-à-dire d'animaux sauvages, libres, mais encore faut-il que ces derniers trouvent leur subsistance, et «que penserait-on, suivant les expressions du savant professeur M. Blanchard, d'une personne ayant l'idée de propager les lièvres sur un sol entièrement nu?» C'est cependant ce qu'on a fait pour le rempoissonnement de nos eaux tel qu'il a été le plus souvent tenté.

Si donc on veut obtenir la multiplication à l'état de nature des
espèces précieuses, telles que les salmonides, le premier soin doit être de favoriser la reproduction des espèces moins recherchées, dont elles vivent, et pour cela veiller à la conservation des végétaux, qui servent de nourriture à celles-ci soit directement, soit indirectement par les animaux inférieurs qui s'y développent. Une curieuse expérience consisterait à rempoissonner de blanchaille un cours d'eau que les saumons ont aujourd'hui abandonné et, en admettant bien entendu qu'il n'y ait pas d'obstacle à leur montée, de voir si ces poissons ne s'y montreraient pas de nouveau au bout d'un certain temps.

En résumé ces considérations sur l'aquiculture des eaux douces conduisent à formuler les conclusions suivantes :

1° L'élevage industriel des poissons herbivores, tel qu'il a été pratiqué de toute antiquité, donne des résultats certains; les seules améliorations sembleraient devoir porter sur le nombre des espèces peu considérable aujourd'hui et qu'on pourrait sans doute augmenter.

2° La propagation par voie de fécondation artificielle pour les espèces carnivores précieuses, réduites aujourd'hui à différents salmonides, présente deux ordres de considérations suivant qu'il s'agit des aquicultures artificielle et naturelle ou de l'aquiculture sauvage.

a. Les premières donnent, avec les méthodes de fécondation et d'alimentation actuellement en usage, des résultats satisfaisants, comme le témoignent assez l'extension et le nombre des établissements qui se livrent aujourd'hui à cette industrie.

b. L'aquiculture sauvage paraît, au contraire, n'avoir donné que des résultats insignifiants ou nuls, tout au moins aucun document numérique positif ne prouve le contraire. Ce fâcheux résultat paraît provenir de ce qu'en réalité les conditions d'existence que réclament ces poissons leur manquent dans nos cours d'eau tels qu'ils sont aménagés.

Gr. VIII.

Cl. 84.

3° Le repeuplement naturel de nos rivières ne pourrait être obtenu qu'en restituant à celles-ci, dans les limites du possible, leurs conditions primitives. Ce qui paraît le plus indispensable serait, d'un côté, de faciliter la propagation des petites espèces par des réserves convenablement choisies, ménageant les frayères, par une réglementation du faucardage des herbes et du curage des canaux en vue de favoriser la reproduction et l'alimentation desdites espèces; d'un autre côté, de rendre praticable en toutes saisons et à tous moments le libre parcours des fleuves et des ruisseaux aux poissons migrateurs.

En mettant ces mesures à exécution, en empêchant le braconnage, l'infection des eaux, etc., ce dont l'Administration s'occupe activement, on peut, croyons-nous, obtenir de bons résultats. Cependant la question, il ne faut pas l'oublier, est des plus complexes et l'on doit compter avec l'inconnu. Toutefois, en se rappelant les insuccès de l'ostréiculture à ses débuts et le découragement auquel se laissèrent aller le plus grand nombre des éleveurs, si l'on considère l'extension prise aujourd'hui par cette industrie, on pensera certainement qu'il ne faut pas désespérer de l'avenir en ce qui concerne l'aquiculture des eaux douces.

Il nous reste, dans un ordre d'idées un peu différent, à mentionner d'une manière spéciale les succès obtenus par M. Carbonnier pour l'acclimatation de différentes espèces soit de la Chine et du Japon, soit d'Amérique. Quoique plusieurs des poissons ainsi obtenus soient plutôt élevés à titre d'animaux d'ornement, par exemple, cette variété monstrueuse du cyprin doré, connue sous le nom de télescope, ou le charmant macropode, aujourd'hui abondamment répandu en France, ils n'en doivent pas moins être regardés comme utiles pour la question de l'aquiculture, non seulement en démontrant la possibilité de l'acclimatation et initiant aux méthodes à employer pour atteindre ce but, mais aussi en vulgarisant les connaissances ichthyologiques fort négligées malgré l'intérêt que présente ce sujet, difficile à la vérité et souvent rebutant. D'ailleurs à côté de ces espèces se trouvent d'autres pois-

Gr. VIII.

Cl. 84.

sons qui, plus tard, pourront avoir quelque importance dans l'économie domestique. M. Carbonnier, dans une serre voisine de l'aquarium d'eau douce, dont la direction lui avait aussi été confiée, n'a pas exposé moins de dix-neuf espèces exotiques; pour huit d'entre elles la reproduction dans nos climats est un fait accompli.

Ces remarquables résultats n'ont pu être obtenus qu'au prix de grands sacrifices et grâce surtout aux soins intelligents donnés à ces animaux par ce zélé pisciculteur.

On le voit, l'Exposition de 1878, en ce qui concerne l'aquiculture, montre que les efforts dans cette voie, dus tant au Gouvernement qu'à l'initiative privée, n'ont pas été vains et permet de constater de notables progrès dans plusieurs branches de cette industrie.

Léon Vaillant,
Professeur administrateur au Muséum d'histoire naturelle.

www.ingramcontent.com/pod-product-compliance
Lightning Source LLC
Chambersburg PA
CBHW070754220326
41520CB00053B/4380